essentials

essentials liefern aktuelles Wissen in konzentrierter Form. Die Essenz dessen, worauf es als „State-of-the-Art" in der gegenwärtigen Fachdiskussion oder in der Praxis ankommt. essentials informieren schnell, unkompliziert und verständlich

- als Einführung in ein aktuelles Thema aus Ihrem Fachgebiet
- als Einstieg in ein für Sie noch unbekanntes Themenfeld
- als Einblick, um zum Thema mitreden zu können

Die Bücher in elektronischer und gedruckter Form bringen das Expertenwissen von Springer-Fachautoren kompakt zur Darstellung. Sie sind besonders für die Nutzung als eBook auf Tablet-PCs, eBook-Readern und Smartphones geeignet. essentials: Wissensbausteine aus den Wirtschafts, Sozial- und Geisteswissenschaften, aus Technik und Naturwissenschaften sowie aus Medizin, Psychologie und Gesundheitsberufen. Von renommierten Autoren aller Springer-Verlagsmarken.

Herbert Marschall

Personal für die additive Fertigung

Kompetenzen, Berufe, Aus- und Weiterbildung

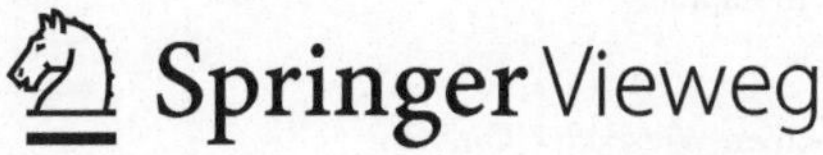

Herbert Marschall
Universität Duisburg-Essen
Campus Essen, Deutschland

ISSN 2197-6708 ISSN 2197-6716 (electronic)
essentials
ISBN 978-3-658-13306-1 ISBN 978-3-658-13307-8 (eBook)
DOI 10.1007/978-3-658-13307-8

Die Deutsche Nationalbibliothek verzeichnet diese Publikation in der Deutschen Nationalbibliografie; detaillierte bibliografische Daten sind im Internet über http://dnb.d-nb.de abrufbar.

Springer Vieweg
© Springer Fachmedien Wiesbaden 2016

Gedruckt auf säurefreiem und chlorfrei gebleichtem Papier

Springer Vieweg ist Teil von Springer Nature
Die eingetragene Gesellschaft ist Springer Fachmedien Wiesbaden GmbH

Vorwort

Als die Universität Duisburg-Essen und die Fachhochschule Aachen von der Hans-Böckler-Stiftung den Auftrag erhielten, 2013/2014 das Projekt „Generative Fertigung in Deutschland" durchzuführen, war nicht absehbar, zu welcher lang anhaltenden Auseinandersetzung mit den zahlreichen Facetten von Beschäftigung, Arbeitsorganisation sowie Aus- und Weiterbildung in der generativen Fertigung dies führen würde. Zwar hatten bereits einige Unternehmen Tuchfühlung mit dem Thema „generative Fertigung" aufgenommen, allerdings schien sich die Anwendung dieser Technologie – bis auf wenige Ausnahmen in ausgesuchten Branchen, wie z. B. in der Hörgeräteherstellung oder bei einigen zahntechnischen Laboren – auf Forschungs- und Entwicklungsabteilungen oder einzelne Geräte zu beschränken, die sporadisch als Experimentierbasis eingesetzt wurden. Dies verstärkte unseren Eindruck, dass wir mit unserem Projekt der Zeit etwas voraus sind. Zumindest wurden noch keine nennenswerten Auswirkungen auf die Arbeitsorganisation in Unternehmen verzeichnet, welche zum Beispiel Betriebsräte zu einer Beschäftigung mit generativer Fertigung veranlasst hätten. Somit schien das Thema bei den Sozialpartnern noch nicht angekommen zu sein. Auch die berufsbildungspolitischen Akteure vermittelten den Eindruck, dass sie keinen besonderen Bedarf zur Implementierung generativer Verfahren in der beruflichen Bildung sehen würden, für sie schien das Thema noch keine besondere Rolle zu spielen. Denn generative Fertigung, Additive Manufacturing oder Rapid Prototyping waren bis dahin nur in wenige Ausbildungsordnungen und Rahmenlehrpläne eingegangen. Inzwischen stellt sich die Situation transparenter dar und viele Institutionen und Akteure schenken dem Thema große Aufmerksamkeit. So werden immer mehr Seminare und Lehrgänge für 3D-Druck angeboten, auch in Aus- und Weiterbildungsberufe finden Themen zu generativer Fertigung zunehmend Eingang. Auf der anderen Seite kommen immer weiter neue Verfahren hinzu, so dass ein einheitliches Berufsbild, welches gleichzeitig die Kenntnisse über alle generativen Fertigungsverfahren abdeckt – wie es sich manche gewünscht haben mögen – immer weniger vorstellbar scheint. Auch deshalb besteht sowohl bei Unternehmen als auch bei Beschäftigten vielfach Orientierungsbedarf. Dieses *essential* soll einen ersten Einstieg ermöglichen, um sich mit den verschiedenen Zugängen zur beruflichen Bildung im Zusammenhang mit generativer Fertigung, 3D-Druck, AM vertraut zu machen.

Während zu Beginn unseres Projektes die Benennung „generative Fertigung" noch die am meisten gebräuchliche Bezeichnung gewesen sein mag, kristallisiert sich nunmehr heraus, dass zunehmend die Benennungen „additive Fertigung" bzw. „additive Fertigungsverfahren" benutzt werden. Dazu trägt sicher bei, dass sich auch eine so bedeutende Institution wie der Verein Deutscher Ingenieure (VDI) bei der Richtlinie VDI 3405 auf den Titel „Additive Fertigungsverfahren – Grundlagen, Begriffe, Verfahrensbeschreibungen" geeinigt hat. Die Bezeichnung „additive Fertigung" steht jedoch selbst in Konkurrenz zu der Benennung „3D-Druck", die zunehmend Popularität gewinnt. Da andererseits die Bezeichnungen „generative Fertigungsverfahren" und „Rapid Prototyping" Eingang in Ausbildungsordnungen gefunden haben, werden auf absehbare Zeit die Benennungen „generative Fertigung", „Additive Manufacturing" (AM) oder „additive Fertigung", „Rapid-Technologien" und „3D-Druck" koexistieren. Im vorliegenden Werk finden die hier genannten Bezeichnungen synonyme Anwendung.

An dieser Stelle möchte ich mich bei all denjenigen bedanken, die mich bei diesem Projekt und bei dieser Publikation unterstützt haben. Mein Dank gilt insbesondere meinem Vorgesetzten, Prof. Dr. Rolf Dobischat, und meiner Kollegin Samia El Baghdadi. Darüber hinaus möchte ich all denjenigen Akteuren aus Verbänden, Gewerkschaften, Kammern, Unternehmen, Hochschulen und weiteren Institutionen danken, die mit uns zusammengearbeitet, wertvolle Informationen beigetragen und sich z. B. im Rahmen des Projektes für Interviews zur Verfügung gestellt haben.

Inhaltsverzeichnis

Einleitung

1

Obwohl sich seit Erfindung der Stereolithographie durch Chuck Hull in den 1980er-Jahren Additive Manufacturing sowohl als Bündel von Technologien erweitert als auch in der Anwendung stark verbreitet hat, gibt es bisher keine verlässlichen Informationen über Fachkräftebedarf und -angebot sowie über Additive Manufacturing in Aus- und Weiterbildung. Die Frage, welche Kompetenzen – im Sinne von praktisch anwendbaren Kenntnissen und Fertigkeiten – für AM erforderlich und förderlich sind, ist angesichts von sehr unterschiedlichen Verfahren und ständig neu hinzukommenden Technologien – wie z. B. 3D-Siebdruck [35], lichtgesteuerter elektrophoretischer Abscheidung [14] oder Metallpulverauftragstechnologie (ohne Laserschmelzen!) [28] – prima facie auch nicht eindeutig zu beantworten. Dementsprechend unterscheiden sich die Bedienung einer Lasersinter- oder Laserschmelzanlage, eines 3D-Druckers nach dem Pulver-Binder-Verfahren oder der Stereolithographie grundlegend sowohl untereinander als auch von der Bedienung eines Fabbers (digital fabricator, Digitaldrucker).[1]

Während man aus Fachkreisen Klagen hört, dass Maschinenhersteller überhöhte Preise für Schulungen verlangen würden, welche für Käufer von gebrauchten Anlagen zu hoch seien und manche Unternehmen monatelang nach geeigneten Mitarbeitern suchen, haben andere Unternehmen anscheinend keine Schwierigkeiten, geeignete Fachkräfte zu finden und vorhandene Mitarbeiterinnen oder Mitarbeiter intern für die neuen Verfahren fit zu machen. Manche vertreten die Ansicht, eine

---

[1] Vgl. hierzu Tabelle im Anhang des *essentials*.

© Springer Fachmedien Wiesbaden 2016

H. Marschall, *Personal für die additive Fertigung*, essentials,

DOI 10.1007/978-3-658-13307-8_1

1

eigene Ausbildung speziell für generative Fertigung könnte die Lösung des Fachkräftebedarfs erbringen. So soll es am Rande der Rapid.Tech-Messe in einem der vergangenen Jahre eine Diskussion um einen Ausbildungsberuf in generativer Fertigung gegeben haben. Auch Guido F.R. Radig, Leiter einer PR-Agentur für technischen Journalismus verspricht sich die Lösung des Fachkräfteproblems durch einen eigenen Beruf speziell für Additive Manufacturing. In seinem Gastbeitrag für den 3druck.com-Newsletter schlägt er deshalb ein „Berufsbild Verfahrens-Mechaniker additive Fertigung" vor und begründet dies mit folgender Argumentation:

> In der Praxis beschäftigen sich heute ausschließlich Quereinsteiger, wie Ingenieure oder Praktiker, mit additiver Fertigung und additiver Anlagentechnik. Ausgebildet wurden sie in klassischen Verfahren. Weder an Hochschulen, Fachhochschulen oder Berufsschulen sind additive Verfahren hinreichend abgebildet und Teil der Ausbildungspläne. [34]

Aber trifft diese Behauptung wirklich zu? In welcher Situation befinden sich Unternehmen mit AM auf der Suche nach geeigneten Fachkräften und welche Bildungsangebote sind heute bereits abrufbar?

Diffusion von Additive Manufacturing 2

Es gibt bestimmte Muster, nach denen sich Technologien durchsetzen und es gibt wiederkehrende Muster, wie neue Technologien in das Aus- und Weiterbildungssystem übernommen werden. Generell kann man sagen, dass die Adaption einer neuen Technologie in den Bereich der beruflichen Bildung von ihrem Verbreitungsgrad bzw. ihrer Durchsetzung am Markt abhängt. Die Diffusionsforschung, welche sich mit diesen Prozessen befasst, sagt aus, dass die Durchsetzung neuer Technologien nach dem folgenden Muster abläuft [20][1]:

- Invention/Erfindung,
- Innovation, d. h. Umsetzung der Erfindung in eine praxistaugliche Technologie,
- Diffusion, d. h. Eindringen der Technologie in den Markt und anschließende Eroberung des Marktes mit (sukzessiver) Verdrängung der bis dahin eingesetzten Technologien.

Eine neue Technologie zieht erst dann Konsequenzen im Berufsbildungssystem nach sich, wenn sie im Markt angekommen ist, also die Stufe der Diffusion erreicht hat (siehe Abb. 2.1).

Eine Orientierung an der Hype-Cycle-Kurve von Gartner [11] ist hier weniger zielführend, da es nicht so sehr auf die Wahrnehmung der Technologie im Rahmen eines Medienhypes ankommt, als vielmehr auf die tatsächliche Marktfähigkeit der mit dieser Technologie erzeugten Produkte und ihrer dauerhaften Etablierung am Markt. Deshalb

---

[1] Holwegler bezieht sich bei der Beschreibung der Phasen technischen Fortschritts auf die Schumpetersche Trilogie.

© Springer Fachmedien Wiesbaden 2016
H. Marschall, *Personal für die additive Fertigung*, essentials,
DOI 10.1007/978-3-658-13307-8_2

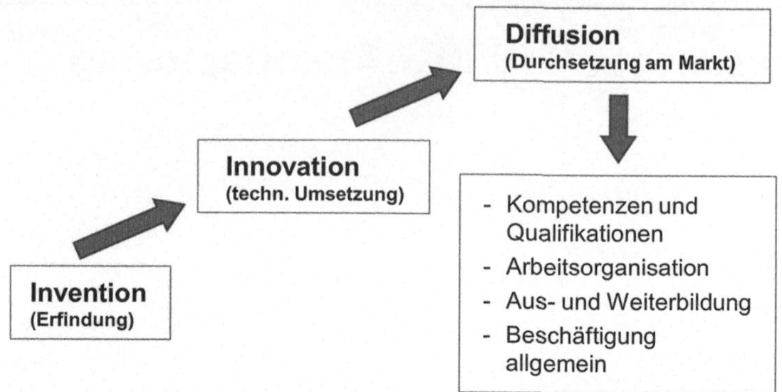

Abb. 2.1 Phasenmodell technologischer Neuerungen. Eigene Darstellung unter Verwendung der Kategorien der Diffusionsforschung mit Erläuterungen und ergänzt um Wirkungen auf Qualifikationen und Arbeit

kann der von Terry Wohlers regelmäßig veröffentlichte Wohlers Report als aussagekräftigerer Gradmesser für den Entwicklungsstand der AM-Branche angesehen werden.

Laut Wohlers Report 2015 ist der Markt für Additive Manufacturing – bestehend aus allen AM Produkten und Dienstleistungen – weltweit um eine durchschnittliche jährliche Wachstumsrate (CAGR) von 35,2 % auf 4,1 Milliarden im Jahre 2014 gewachsen. 49 Hersteller produzieren und vertreiben inzwischen AM-Anlagen für die industrielle Anwendung. Die durchschnittliche jährliche Wachstumsrate betrug über die vergangenen drei Jahre (2012–2014) genau 33,8 % [41].

Weitere Indikatoren für das rasche Wachstum dieses Sektors sind die Leitmesse für generative Fertigungsverfahren Rapid.Tech in Erfurt [9] und der wachsende Anteil von AM auf Fachmessen wie Euromold, Formnext und Moulding Expo.

Dennoch kann die Frage, wie weit sich generative Fertigungsverfahren bereits am Markt durchgesetzt haben, nicht einfach beantwortet werden. Zu unterschiedlich sind die verschiedenen Technologien, zu unterschiedlich der Entwicklungsstand und die Anwendungsreife der verschiedenen Verfahren. Neben Verfahren, welche – wie z. B. die Stereolithographie – seit Jahrzehnten etabliert sind, gibt es solche, die sich anscheinend noch im Versuchsstadium befinden, wie z. B. die lichtgesteuerte elektrophoretische Abscheidung oder Verfahren wie der Mcor-Schicht-Laminat-Prozess, bei denen man aufgrund ihrer Sonderstellung Zweifel bekommen könnte, ob sie sich tatsächlich langfristig am Markt behaupten können. Schließlich muss die Entwicklung der generativen Fertigung auch in Relation zu den herkömmlichen Fertigungsverfahren betrachtet werden, bei denen ebenfalls immer noch Weiterentwicklungen stattfinden, welche immer kürzere Produktionszeiten ermöglichen. So stellt der Maschinen- und Anlagenbau sogenannte Hochleistungsbearbeitungszentren her, die mit zeitgleich arbeitenden Fräseinheiten parallel sägen, bohren und fräsen können und bei denen „Folgematerial bereits geladen und vermessen werden kann, während der Zerspanungsprozess des vorherigen Werkstücks noch voll im Gange ist" [37].

Der Niederschlag neuer Technologien im Berufsbildungssystem erfolgt in der Regel erst, wenn die Technologien aus dem Erprobungsstadium heraus Marktreife erreicht haben und sich auch in der laufenden Produktion durchsetzen [16]. Vorher ist nicht zu erwarten, dass Unternehmen bereit sind, in entsprechende Qualifizierungsmaßnahmen zu investieren.

Idealtypisch erfolgt die Durchsetzung neuer Qualifikations- und Kompetenzanforderungen infolge der Implementierung neuer Technologien in folgenden Schritten [12]:

- Zuerst werden punktuell in einzelnen Unternehmen Anpassungsqualifizierungen „on-the-job" und eher unsystematisch durchgeführt,
- anschließend erfolgt im Unternehmen selbstorganisiertes, systematisches Lernen in Seminaren oder im Prozess der Arbeit,
- schließlich finden die ersten Inhalte der neuen Technologie Eingang in die Programme von Weiterbildungsanbietern, dies führt zu formalisiertem Lernen in Lehrgängen, für die anschließend auch Zertifikate angeboten werden,
- in einem weiteren Schritt folgt die Übernahme von Inhalten in Ausbildungsordnungen und Rahmenlehrpläne gemäß Berufsbildungsgesetz (BBiG),
- im letzten Schritt würde dann typischerweise eine Akademisierung im Zuge der Entwicklung spezialisierter Bildungsgänge an Hochschulen stattfinden.

Aufgrund des Hochtechnologie-Charakters der generativen Fertigung erfolgt hier jedoch der letzte Schritt vor dem ersten. Da die Entwicklung von AM durch Forschungsarbeiten an Hochschulen unterstützt wird, findet man derzeit mehr Bildungsangebote für generative Fertigung im Rahmen von Studiengängen – wenn auch integriert in anders benannte Fächer – als im Rahmen von Weiterbildungsangeboten oder in der beruflichen Erstausbildung. Und auch in den Unternehmen ist der Anteil an Akademikern, die an AM-Anlagen eingesetzt werden, offensichtlich relativ hoch:

Allerdings bestätigen die Untersuchungen, dass bei sehr neuen Verfahren (Bsp. laseradditive Fertigung), die noch keine hohe Marktdurchdringung aufweisen, der Anteil akademisch ausgebildeter Mitarbeiterinnen und Mitarbeiter unter den Maschinenbedienern in der Produktion überdurchschnittlich hoch ist. [17]

Generative Fertigungsverfahren an Hochschulen

3

Generative Fertigung wird an zahlreichen Hochschulen unterrichtet. Dabei besteht in der Regel kein eigener Studiengang „Generative Fertigung", „Additive Manufacturing" oder „3D-Druck", stattdessen werden Inhalte von AM im Rahmen unterschiedlicher Fächer vermittelt – oder sie fließen als Ergebnis von Projekten in die Lehre ein. Generative Fertigung ist beispielsweise Bestandteil folgender Bereiche: Werkstoffprüftechnik (TU Dortmund), Fertigungstechnik (Universität Duisburg-Essen), Maschinenbau und Mechatronik (FH Aachen), Laser- und Anlagensystemtechnik (TU Hamburg-Harburg), Konstruktionstechnik/CAD (Technische Universität Dresden), Lasertechnik (RWTH Aachen), Maschinenbau (Universität Paderborn), Fluidtechnik und Mikrofluidtechnik (Universität Rostock), Entwicklung und Konstruktion (Hochschule Ostwestfalen-Lippe). In der Lehre kommt AM zum Beispiel in den in Tab. 3.1 genannten Modulen vor.

© Springer Fachmedien Wiesbaden 2016
H. Marschall, *Personal für die additive Fertigung*, essentials,
DOI 10.1007/978-3-658-13307-8_3

Tab. 3.1 Generative Fertigung in der Lehre an Universitäten und Hochschulen

Universität/Fachhochschule	Fakultät/Fachbereich	Modul
Ruhr-Universität Bochum	Fakultät für Maschinenbau	Fertigungsautomatisierung
Technische Universität Dortmund	Fakultät Maschinenbau	Fertigungstechnologie
Universität Duisburg-Essen	Fakultät für Ingenieurwissenschaften	Produktionstechnik
Universität Siegen	Department Maschinenbau	Fertigungssysteme und -automatisierung
Bergische Universität Wuppertal	Fachgebiet für Sicherheitstechnik/ Konstruktion	Produktionstechnik
Rheinisch-Westfälische Technische Hochschule Aachen	Institut für Architektur	Baukonstruktion
Universität Paderborn	Fakultät für Maschinenbau	Partikelverfahrenstechnik
Leibniz Universität Hannover	Produktentwicklung und Gerätebau	Computer Aided Engineering
Technische Universität Braunschweig	Institut für Werkzeugmaschinen und Fertigungstechnik	Fertigungstechnik
Technische Hochschule Nürnberg	Maschinenbau	Moderne Werkzeuge in der Konstruktion: Additive Fertigung und Reverse Engineering
Hochschule Augsburg	Technologie Management	Mechatronics
OTH Regensburg	Produktions- und Automatisierungstechnik	Fertigungsverfahren (Manufacturing Methods)
HS Aalen	Systematisches Konstruieren/Lean Development	Generative Fertigung
Hochschule OWL	Produktionstechnik Fachbereich: Produktion und Wirtschaft	Rapid Technologies
Hochschule Merseburg	Maschinenbau	Fertigungslehre
Fachhochschule Kiel	Maschinenwesen	Fertigungstechnik Großbauteile
Technische Universität Hamburg-Harburg	Institut für Produktionsmanagement und -technik	Fertigungstechnik

(Fortsetzung)

Tab. 3.1 (Fortsetzung)

Universität/Fachhochschule	Fakultät/Fachbereich	Modul
Hochschule für Angewandte Wissenschaften Hamburg	Fakultät Technik und Informatik Department Maschinenbau und Produktion	Fertigungstechnik
Hochschule Wismar	Maschinenbau	Fertigungsverfahren (FV) und Fertigungsmesstechnik (FMT)
TH Wildau	Wirtschaftsingenieurwesen	Produktionsvorbereitung
BBW Hochschule (Berlin)	Lehrstuhl für Automatisierungstechnik	Fertigungstechnik
Hochschule für Technik und Wirtschaft Berlin	Maschinenbau	Fertigungsverfahren
TU Berlin	Maschinenbau	Fertigungstechnik
FOM	Maschinenbau	Fertigungstechnik
Hochschule Bremen	Maschinenbau/ Produktionssystematik	Grundlagen der Fertigung
Universität Kassel	Maschinenbau	Fertigungstechnik
FH Aachen	Industrial Engineering Produktentwicklung Wirtschaftsingenieurwesen	Innovative Fertigungstechnologien III
Hochschule Bochum	Elektrotechnik und Informatik	Produktionsverfahren
Universität Vechta	Designpädagogik	Grundlagen der Werkstattpraxis
Karlsruher Institut für Technologie	Maschinenbau	Fertigungstechnik
Brandenburgische Technische Universität Cottbus-Senftenberg	Verarbeitungstechnologien der Werkstoffe	Generative Herstellungsverfahren
Universität Augsburg	Wirtschaftsingenieurwesen	Fertigungstechnik für metallische Werkstoffe
Universität Bayreuth	Materialwissenschaft und Werkstofftechnik	Werkstofftechnologie
Technische Universität München	Werkzeugmaschinen und Betriebswissenschaften	Additive Fertigung

Quelle: Eigene Recherche

Qualifikationen und Berufe in der generativen Fertigung 4

Welche Qualifikationen von den Unternehmen mit AM benötigt werden und welche Berufe dementsprechend vornehmlich in diesen Unternehmen anzutreffen sind, hängt jeweils vom Unternehmenstyp ab (Tab. 4.1). Deshalb kann man sinnvollerweise drei Unternehmenstypen unterscheiden:

- Hersteller von Anlagen zur generativen Fertigung
- Dienstleister, welche ausschließlich oder überwiegend 3D-Druckleistungen für andere Unternehmen (z. B. Automotive, Architektur, Luft- und Raumfahrttechnik, Modellbau, Zahntechnik) anbieten
- Unternehmen mit traditionellen Produktionsverfahren mit einem Bereich für generative Fertigung

In der Praxis sind natürlich auch Mischformen dieser Unternehmenstypen möglich. So bieten Anlagenhersteller selbst 3D-Druck-Dienstleistungen an und konventionelle Fertigungsunternehmen, welche ihren Bereich mit generativer Fertigung mit eigenen Aufträgen nicht auslasten, offerieren anderen Unternehmen z. B. die Herstellung von Modellen und Prototypen.

Hersteller von Anlagen beschäftigen zum Beispiel Elektroniker/Elektrotechniker, Mechatroniker, Servicetechniker, Systemelektroniker oder Informatiker. Schulungen werden entsprechend den eigenen Anlagen inhouse durchgeführt.

© Springer Fachmedien Wiesbaden 2016
H. Marschall, *Personal für die additive Fertigung*, essentials,
DOI 10.1007/978-3-658-13307-8_4

Tab. 4.1 Berufe und übliche Qualifikationen von Beschäftigten im Bereich generativer Fertigung

	Unternehmenstyp		
	Anlagenhersteller	Dienstleister	Konventionelles Fertigungsunternehmen
Beruf/ Qualifikation	Elektroniker/ Elektrotechniker	Berufsausbildung im Handwerk	Kenntnisse der traditionellen Produktionsverfahren
	Systemelektroniker	z. B. Werkzeugmacher, Zahntechniker	3D-CAD-Konstruieren/ Modellieren
	Informatiker		
	Mechatroniker		Kenntnisse der generativen Fertigungsverfahren und der eingesetzten Anlagen
	Servicetechniker	Blick für Formen	
	Industriekaufleute	manuelle Fertigkeiten, feinmotorisches Geschick	
		Kompetenzen in unterschiedlichen Verfahren	Beherrschen der Übergänge
		Materialkenntnisse	Auswahl der optimalen Alternativen bzw. Kombinationen

Quelle: Eigene Darstellung

Bezogen auf die Dienstleistungsunternehmen der generativen Fertigung differenziert sich das Bild in Abhängigkeit von den eingesetzten Anlagen bzw. Verfahren und den daraus resultierenden unterschiedlich hohen Ansprüchen an die erforderlichen Kenntnisse über die verwendeten Materialien und deren Eigenschaften. Im Prinzip ist es unerheblich, ob eine AM-Anlage von einem Dienstleister oder von einem Unternehmen mit traditionellen Produktionsverfahren eingesetzt wird, welches zusätzlich einen Zweig mit generativer Fertigung betreibt oder bereits einen Abschnitt der Produktion von einem traditionellen auf ein generatives Verfahren umgestellt hat.

Bei Dienstleistern wird man eher mehrere Anlagen mit unterschiedlichen Verfahren vorfinden, so dass deren Mitarbeiter Kompetenzen in diesen unterschiedlichen Verfahren besitzen müssen, während Beschäftigte in Unternehmen mit traditionellen Produktionsverfahren auch die „alten Prozesse" beherrschen müssen, damit die Übergänge zwischen traditionellen und generativen Verfahren reibungslos gestaltet werden können. Welche Kenntnisse und Fertigkeiten im Detail benötigt werden, hängt von den Anwendungen und den zu fertigenden Produkten ab. Dabei ist zu differenzieren, ob zum Beispiel hoch belastbare Komponenten für die Automobil- oder Luftfahrtindustrie entstehen, ob Teile für die Zahnmedizin mit hohen Anforderungen an die Maßhaltigkeit produziert werden, ob Gusskerne erzeugt oder ob Modelle zur Anschauung für die Architektur oder zur Planung von Industrieanlagen erstellt werden. Dementsprechend werden qualifizierte Ingenieurinnen und Ingenieure, Technikerinnen und Techniker oder Personal für einfache – aber auch für anspruchsvolle – manuelle Tätigkeiten beschäftigt. An Lasersinter- oder Laserschmelzanlagen wird man eher Ingenieuren mit weitreichenden Materialkenntnissen begegnen, während an Anlagen für Stereolithographie in der Herstellung von Otoplastiken, (Hörgeräteschalen) Mitarbeiterinnen und Mitarbeiter gesucht werden, die handwerkliche, manuelle und gestalterische Kompetenzen besitzen müssen, um – wie im letzten Fall – die Scans der Ohrabdrücke am Monitor bearbeiten zu können. An anderer Stelle werden Mitarbeiter eingesetzt, die diffizile Oberflächenbearbeitungs- oder Veredelungsprozesse durchführen können. Aus diesem Grund werden in manchen Branchen vorzugsweise Zahntechnikerinnen und Zahntechniker beschäftigt, welche die erforderlichen feinmotorischen Fertigkeiten besitzen. Die Anforderungen an die Mitarbeiter der Unternehmen sind auch von den Kunden und deren Vorkenntnissen abhängig. So ist es abhängig von den eingesetzten Anlagen sogar möglich, dass Kaufleute in der Lage sind, gemeinsam mit den Kunden gewünschte Veränderungen an den Daten vorzunehmen. Neben Programmen zur 3D-Modellierung gibt es immer ausgefeiltere Software zur Datenreparatur wie Magics (Materialise), Emendo (Avante Technology) oder netfabb. Dies hat jedoch auch die Konsequenz, dass sich der Bedarf an Nachbearbeitung verringert und die damit befassten Beschäftigten tendenziell entbehrlicher werden.

Zusätzlich zu den technischen Kompetenzen werden Soft Skills, kommunikative Kompetenzen immer wichtiger. Jörg Sander, Experte von Airbus sagt voraus, dass durch AM „Konstruktion und Fertigung künftig zusammenwachsen" wozu „integrierte Teams" erforderlich werden, „in denen Spezialisten beider Bereiche mit Materialexperten, Einkäufern und Vertrieblern zusammenarbeiten. Denn Additive Fertigung wird auch die Beschaffungs- und Vertriebswege verändern" [13].

Tab. 4.2 zeigt erforderliche Kompetenzen bezogen auf die jeweiligen Arbeitsschritte, Prozesse und Funktionen.

Tab. 4.2 Kompetenzen für verschiedene Arbeitsschritte in der generativen Fertigung

Arbeitsschritt/Prozessschritte/ Funktion	Erforderliche Kompetenzen	Ähnlichkeit zwischen den verschiedenen AM-Technologien
Kundengespräch/Kundenkommunikation (der Kontakt zum Kunden kann im Verlauf der – kundenindividuellen – Produktion mehrmals stattfinden)	– Kommunikative Kompetenz [3] – Design- und Präsentationsintensität – Wahrnehmung von Schnittstellentätigkeiten	Im Prinzip gleiche Anforderungen
	– Kenntnisse der Möglichkeiten und Einschränkungen der jeweiligen Technologie bezogen auf Form, Textur, Stabilität etc.	Kenntnisse der jeweiligen Technologie erforderlich
Konstruktion 3D-CAD	– Kenntnisse der Konstruktionssoftware	Herstellerspezifisch
	– Kenntnisse der Materialien sowie der Möglichkeiten und Einschränkungen der Verfahren/Maschinen	Abhängig von der jeweiligen Technologie
	– Räumliches Vorstellungsvermögen („Simulation im Kopf") – „Gutes Auge" für Formen	Abhängig von der Anwendung und den Anforderungen des Kunden
Datenkorrektur	– Kenntnisse über die Besonderheiten der Fertigungsverfahren und der dadurch bedingten Fehlermöglichkeiten (zum Beispiel nicht geschlossene Flächen, fehlende oder überflüssige Stützstrukturen)	Abhängig von der jeweiligen Technologie
Slicen	– Automatisiert, keine besonderen Kenntnisse erforderlich	Identisch

(Fortsetzung)

Tab. 4.2 (Fortsetzung)

Arbeitsschritt/Prozessschritte/ Funktion	Erforderliche Kompetenzen	Ähnlichkeit zwischen den verschiedenen AM-Technologien
Fertigung	– Kenntnisse der jeweiligen Verfahren/s-Prinzipien – Kenntnisse der Materialien – Maschinenkenntnisse	Abhängig von der jeweiligen Technologie
Nachbearbeitung	– Materialkenntnisse – Taktile und feinmotorische manuelle Fertigkeiten – Gutes Sehvermögen, Blick für Formen – Abhängig von den Produkten und unterschiedlichen Nachbearbeitungsschritten wie Wachsen, Imprägnieren, Schleifen, Polieren, Lackieren, Airbrushen etc.	Abhängig von der jeweiligen Technologie und den Anforderungen des Kunden
Mitarbeitergespräch	– Vergleichbare Kompetenzen wie bei Kundengesprächen erforderlich	Im Prinzip gleiche Anforderungen

Quelle: Gebhardt [12], S. 84, mit kleinen Änderungen

Unternehmerische Lösungsstrategien gegen Fachkräftemangel

5

Wegen der hohen Kosten der Herstellerschulungen erwerben die meisten Mitarbeiter die Kenntnisse in generativer Fertigung nach dem Prinzip „Learning by Doing". Andere gern praktizierte Methoden, um zu qualifizierten Mitarbeitern zu gelangen, ist das Einstellen von externen Fachkräften aus dem Arbeitsmarkt oder „Guerilla-Recruiting" – das Kapern von Mitarbeitern anderer Unternehmen wie z.B. der Anlagenhersteller. Unternehmen suchen vor allem Fachkräfte mit solider abgeschlossener handwerklicher und technischer Berufsausbildung. Beispiele solcher Berufe sind Werkzeugmacher oder Zahntechniker. Unternehmen, die parallel zu generativer Fertigung weiterhin eine traditionelle Fertigung betreiben, benötigen Mitarbeiter, welche auch die tradierten Prozesse verstehen und eine Brücke zwischen den „alten" Verfahren und AM schlagen können. Im Normalfall stellen die Unternehmen Personen mit handwerklicher oder technischer Ausbildung ein, um sie dann intern in AM zu schulen.

Unternehmen geben unterschiedliche Antworten auf die Frage, ob sie Schwierigkeiten haben, gute Mitarbeiterinnen und Mitarbeiter für die generative Fertigung zu finden und wie viel Zeit die Suche in Anspruch nimmt. Dabei stellen Region und Umfeld wichtige Faktoren dar, die darüber entscheiden, ob genügend gut ausgebildete Fachkräfte – zum Beispiel aus anderen Branchen – gewonnen werden können. Der Erfolg des Suchprozesses ist auch davon abhängig, ob das Fachkräftepotenzial in der Region genügend umfangreich ist oder ob zum Beispiel andere, große Unternehmen mit der Kapazität zu einer besseren Entlohnung der Beschäftigten genau diejenigen hoch qualifizierten Fachkräfte absorbieren, welche dann in der generativen Fertigung fehlen.

© Springer Fachmedien Wiesbaden 2016
H. Marschall, *Personal für die additive Fertigung*, essentials,
DOI 10.1007/978-3-658-13307-8_5

Weiterbildungsangebote für Additive Manufacturing

Nach vereinzelten, informellen Qualifizierungsmaßnahmen von Betrieben zur Behebung einer – durch eine neue Technologie entstandenen – Qualifizierungslücke, greifen Anbieter von formaler Weiterbildung Themen der neuen Technologie auf und bieten hierzu Weiterbildung in Veranstaltungen und Kursen an. Eine kurze Übersicht soll die Struktur der beruflichen Weiterbildungsangebote in Deutschland transparenter machen. Das Bundesinstitut für Berufsbildung [2] teilt in seinem Weiterbildungsmonitor die Anbieter gemäß der Art der Einrichtung ein in:

- kommerziell privat
- gemeinnützig privat
- Bildungseinrichtung eines Betriebes
- Volkshochschule
- berufliche Schule, (Fach-)Hochschule, Akademie
- wirtschaftsnah (Kammer, Innung, Berufsverband u. Ä.)
- Einrichtung einer Kirche, Partei, Gewerkschaft, Stiftung, eines Verbandes, Vereins

Ein Teil des Weiterbildungsmarktes gehört also zum staatlichen Bildungssystem, welches in der Verantwortung der Länder liegt und auf der dualen (Betrieb und Berufsschule) und der schulischen (Berufskolleg mit Berufsfachschule, Fachoberschule) beruflichen Erstausbildung aufbaut, dies sind Fachschulen oder Fachakademien. An ihnen können Abschlüsse zu staatlich geprüften Weiterbildungsberufen – wie z. B. zur Technikerin, zum Techniker – nach Landesrecht erworben werden:

© Springer Fachmedien Wiesbaden 2016
H. Marschall, *Personal für die additive Fertigung*, essentials,
DOI 10.1007/978-3-658-13307-8_6

Die Bildungsgänge der Fachschule dienen der beruflichen Weiterbildung (Fortbildung oder Umschulung) in dem jeweiligen Beruf und führen zu einem »staatlichen postsekundären Berufsabschluss nach Landesrecht« [33]

Ein anderer Teil der Angebote beruflicher Weiterbildung kommt von wirtschaftsnahen Institutionen wie Kammern und Verbänden: Industrie- und Handelskammern, Handwerkskammern oder zum Beispiel von Fachverbänden wie VDI oder DVS (siehe unten). So können einzelne Kammern oder Verbände eigene Weiterbildungsberufe – z. B. zum Meister oder zum Techniker bzw. zur Meisterin oder Technikerin – ins Leben rufen. Vorbereitungslehrgänge zu solchen Abschlüssen können auch von anderen Bildungsträgern – also nicht nur von IHK-eigenen Akademien – durchgeführt werden. Die Abschlussprüfungen für berufliche Aufstiegsfortbildungen der IHK müssen dann jedoch wieder vor IHK-Prüfungsausschüssen abgelegt werden.

Gesellschaftliche Gruppen oder Institutionen wie Kirchen, Gewerkschaften oder Stiftungen führen ebenfalls Einrichtungen mit Angeboten beruflicher Weiterbildung. Daneben gibt es privatwirtschaftliche Einrichtungen mit kommerziellem oder gemeinnützigem Hintergrund. Wenn man berufliche Weiterbildung in das schulische Berufsbildungssystem einordnet, so ergibt sich das in Abb. 6.1 beschriebene Bild.

Auch für Additive Manufacturing existieren inzwischen verschiedene Schulungsangebote, welche von Tagesseminaren bis zu mehrtägigen Lehrgängen und Beratungsdienstleistungen reichen. Die Aufzählung ist nur beispielhaft, es kann davon ausgegangen werden, dass darüber hinaus zahlreiche weitere Angebote existieren[1]:

- „Fachkraft Rapid Manufacturing mit generativen Fertigungsverfahren" in den Fachrichtungen Kunststoff und Metall des DVS (Deutscher Verband für Schweißen und verwandte Verfahren e.V.), Lehrgang in Jena (ifw) und Hamburg (LZN) [30]
- Individuelle Schulungen mit Beratung für die Industrie vom Fraunhofer IFAM (Fraunhofer-Institut für Fertigungstechnik und Angewandte Materialforschung) in Bremen [10]
- „Additive Fertigungsverfahren – 3D-Druck – Rapid Prototyping", Seminar an der IHK Akademie Schwaben in Augsburg und Donauwörth [21]
- „Konstruktion für den 3D-Druck" vom „Verbund Ingenieur Qualifizierung" am 3D-Visualisierungszentrum der TH Nürnberg [39]
- „Grundlagen der additiven Fertigung (3D-Druck)", Seminar der VDI Wissensforum GmbH in Nürnberg und Frankfurt am Main [38]

---

[1] Der Autor ist für Hinweise auf weitere Weiterbildungsangebote für AM dankbar.

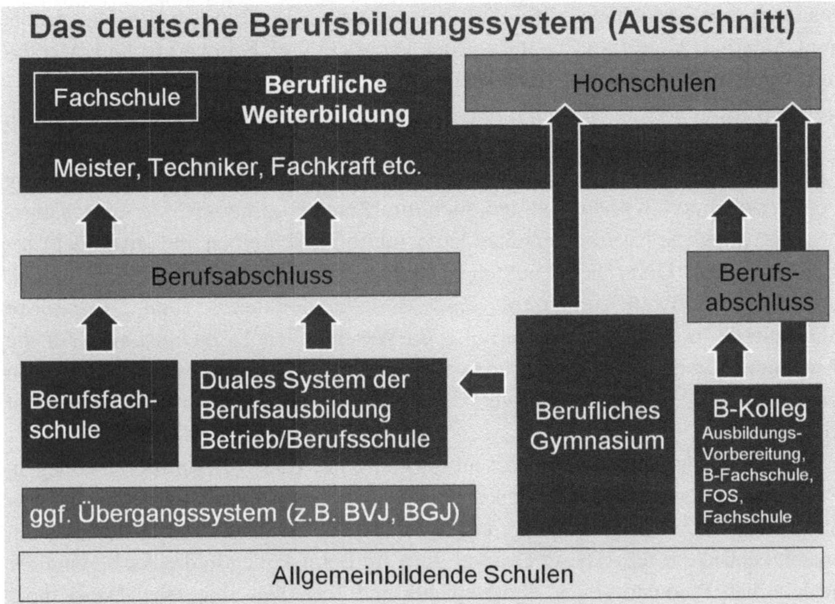

Abb. 6.1 Das deutsche Berufsbildungssystem (Ausschnitt). Eigene Darstellung

- „Klassische und generative Fertigungstechnologien im Werkzeugbau", Seminar der WBA Aachener Werkzeugbau Akademie [40]
- „Bionisches Design für den industriellen 3D Druck", Seminar von Altair und Laser Zentrum Nord (LZN) [1]

Aber auch in Fortbildungsberufe, die nicht speziell auf AM hin ausgerichtet sind, werden Inhalte für generative Fertigung integriert: So wurde von der IHK Schwaben/IHK Akademie Schwaben der Beruf „Geprüfte/r Industrietechniker/-in IHK Fachrichtung Maschinenbau" entwickelt, welcher auch Inhalte zu generativen Fertigungsverfahren wie Rapid-Prototyping und 3D-Druck beinhaltet (IHK Akademie Schwaben [22]).

Diese Fortbildung ist eine Gemeinschaftskooperation aller bayerischen Kammern, die seit April 2015 von der IHK Passau umgesetzt wird und seit Herbst 2015 sukzessive auch von anderen Industrie- und Handelskammern in Bayern angeboten werden kann.

Im Bereich der *staatlich geregelten* schulischen beruflichen Fortbildung finden sich ebenfalls vereinzelt Beispiele für die Vermittlung von Kenntnissen über generative Fertigungsverfahren bzw. die Anwendung von 3D-Druck. So wird an der

Staatlichen Feintechnikschule in VS-Schwenningen im Rahmen des Unterrichts zum Staatlich geprüften Techniker (der Fachrichtung) Feinwerktechnik/Mechatronik mit dem Berufsprofil der Fertigungstechnik das Thema „Generative Fertigungsverfahren (Rapid Prototyping)" vermittelt [29]. Dabei ist zu berücksichtigen, dass selbst im aktuellen, erst 2014 und 2015 in Kraft getretenen Lehrplan des Landes Baden-Württemberg für Technikerinnen und Techniker der Fachrichtung Feinwerktechnik 3D-Modelle lediglich im Bereich „Entwicklung und Konstruktion" unter „Softwareunterstütze Konstruktion beschreiben und anwenden" erwähnt werden. Unter den Punkten „Darstellungsmöglichkeiten in der Technik mittels 3D-Software erläutern", „3D-Modelle definieren" und „Komplexe 3D-Bauteile modellieren" werden also im Wesentlichen *Voraussetzungen* für die Anwendung generativer Verfahren explizit berücksichtigt. Im Bereich Produktion kommen „generative-", „additive-" oder „Rapid-Verfahren" immer noch nicht vor [31].

An der Fachschule für Maschinenbautechnik am Robert-Bosch-Berufskolleg in Duisburg-Hamborn hat eine Techniker-Gruppe im Rahmen eines Projektes einen funktionsfähigen 3D-Drucker inklusive einer umfangreichen technischen Dokumentation erstellt (siehe Abb. 6.2). Dieser Drucker wird am Berufskolleg in der Ausbildung der Technischen Produktdesigner, Systemplaner und Techniker eingesetzt. Dabei muss

Abb. 6.2 Projektpräsentation der Fachschule für Maschinenbautechnik am RBBK Duisburg (Verwendung des Fotos mit freundlicher Genehmigung der Fachschule)

berücksichtigt werden, dass diese oben genannten Beispiele alle auf die Eigeninitiative der Beteiligten zurückgehen: Es hängt also derzeit noch vom Engagement von Lehrenden oder von Teilnehmerinnen und Teilnehmern von Lehrgängen/Kursen ab, ob Kenntnisse über AM im Unterricht der beruflichen Fortbildung in den Fachschulen vermittelt werden, da AM noch nicht in die offiziellen Lehrpläne der Fachschulen der Länder eingegangen ist.

Generative Fertigung in der Berufsausbildung

7

Der 3D-Drucker, den die Johannes-Gutenberg-Schule in Stuttgart im Technischen Gymnasium[1] im Bereich Produktdesign des Faches Gestaltungs- und Medientechnik einsetzt, soll auch in der Berufsschule in der Ausbildung von Geomatikern und Packmitteltechnologen zur Anwendung kommen [15, 23]. Der klassische Printbereich sucht Tätigkeitsfelder, damit Verluste, die durch Digitalisierung, Print on Demand und Online-Angebote verursacht wurden, ausgeglichen werden können. Deshalb hat der Ring Grafischer Fachhändler die Initiative 3DION [7] ins Leben gerufen, um 3D-Druck als Betätigungsfeld für die Druckindustrie zu erschließen. Insofern ist es konsequent, wenn eine Bildungseinrichtung aus diesem Bereich 3D-Druck in ihr Lehrangebot aufnimmt, selbst wenn generative Fertigungsverfahren nicht in den Lehrplänen für das grafische Gewerbe vorgesehen sind. Aber in den wenigsten anderen Branchen, z. B. im Metall- oder Kunststoffbereich – in denen generative Verfahren eigentlich bereits eingesetzt werden, sind sie in Ausbildungsordnungen und Rahmenpläne eingegangen. Generative Fertigung hat sich bisher lediglich in folgenden Ausbildungsordnungen und Rahmenlehrplänen der Berufsschulen niedergeschlagen: Bei den Technischen Modellbauern, bei den Produktionstechnologen und bei den Technischen Produktdesignern. Auch in den modernisierten Rahmenordnungen für Gießereimechaniker, Graveure und Metallbildner, die 2015 bzw. 2016 verabschiedet wurden, hat man generative Fertigung berücksichtigt (Tab. 7.1).

---

[1] Technische Gymnasien führen zur allgemeinen Hochschulreife, vermitteln aber auch Qualifikationen für die Berufs- und Arbeitswelt. Siehe z. B. [24], vgl. oben Abb. 6.1 zur Einordnung in das deutsche Berufsbildungssystem.

© Springer Fachmedien Wiesbaden 2016
H. Marschall, *Personal für die additive Fertigung*, essentials,
DOI 10.1007/978-3-658-13307-8_7

Tab. 7.1 Generative Fertigung in Ausbildungsordnungen und Rahmenplänen, Jahr der Modernisierung

Regularium	Berufsbezeichnung	Inhalt	Jahr
Rahmenlehrplan	Produktions-technologe/-in	Lernfeld 6: Vorbereiten von Produktherstellungsprozessen (S. 15) Ziel: Die Schülerinnen und Schüler informieren sich über neue Produktionstechnologien sowie über die Produktionsmittel und die Prozessabläufe ausgesuchter Produktionsverfahren. … Die Schülerinnen und Schüler wählen auf der Grundlage der konstruktiven und werkstofftechnischen Besonderheiten des Produktes geeignete Fertigungsverfahren aus und vergleichen diese nach technologischen, wirtschaftlichen und qualitativen Merkmalen Inhalte: Produktionsverfahren: …„generative Verfahren"	2008
		Quelle: KMK [25]	
Ausbildungs-ordnung	Technische/-r Modellbauer/-in	Abschnitt C: Weitere berufsprofilgebende Fertigkeiten, Kenntnisse und Fähigkeiten in der Fachrichtung Karosserie und Produktion, Teil des Ausbildungsberufsbildes „2. Planen der Fertigung": (b) Bearbeitungsstrategien unter Berücksichtigung von Produktgeometrien, Werkstoffen, Maschinen und Werkzeugen festlegen oder „Herstellungsstrategien für generative Fertigungsverfahren unter Berücksichtigung von Produktgeometrien, Werkstoffen und Maschinen festlegen"	2009
		Quelle: Bundesgesetzblatt [4]	

(Fortsetzung)

Tab. 7.1 (Fortsetzung)

Regularium	Berufsbezeichnung	Inhalt	Jahr
Rahmenlehrplan	Technische/-r Modellbauer/-in	Basisqualifikationen (2. Ausbildungsjahr, identisch für alle Fachrichtungen) Lernfeld 8: Muster und Prototypen planen und herstellen (Seite 17) Ziel: Sie erstellen CAD-Daten oder wandeln vorhandene CAD-Daten in Austauschformate zur Erzeugung von Rapidprototyping-Teilen bzw. als Basis für die CNC-Fertigung um … Auf der Basis der generativen und konventionellen Technologien planen sie die Arbeitsschritte mit den erforderlichen Werkzeugen, Werkstoffen und Hilfsmitteln. (S. 17) Inhalte: generative Fertigungsverfahren RP-Prozess Fachrichtung: Karosserie und Produktion (4. Ausbildungsjahr) Lernfeld 16: Herstellen von Karosserieprototypenteilen (S. 37) Ziel: Auf der Basis der generativen und konventionellen Technologien planen sie den gesamten Fertigungsprozess. Dabei entscheiden sie unter Berücksichtigung von ökonomischen, technologischen, organisatorischen und betrieblichen Rahmenbedingungen, welche direkten oder indirekten Fertigungsverfahren an welcher Stelle innerhalb der Prozesskette zum Einsatz kommen. Inhalte: Rapid Prototyping, Rapid Tooling, Direct Manufacturing	2009
		Quelle: KMK [26]	

(*Fortsetzung*)

Tab. 7.1 (Fortsetzung)

Regularium	Berufsbezeichnung	Inhalt	Jahr
Rahmenlehrplan	Technische/-r Produktdesigner/-in	Lernfeld 6: Bauteile aus Kunststoffen unter Berücksichtigung von Ur- und Umformverfahren im Kontext von Baugruppen entwickeln Ziel: Die Schülerinnen und Schüler berücksichtigen bei Entwicklungsprozessen Gestaltungsregeln für Bauteile aus Kunststoffen in Abhängigkeit von Werkstoffen und Fertigungsverfahren. … Inhalte: … „Rapid Prototyping"	2011
		Quelle: KMK [27]	
Ausbildungs-rahmenplan als Bestandteil der Ausbildungs-ordnung/ Rahmenlehrplan	Gießerei-mechaniker/-in	Anwenden von Formverfahren (S. 2–3) „Herstellungsprozesse und Ergebnisse von Rapid Prototyping berücksichtigen"	2015
		Quelle: Bundesgesetzblatt [5]	

Quellen: Verordnungen über die Berufsausbildung (Bundesgesetzblatt) und Rahmenlehrpläne (Kultusministerkonferenz/KMK)

2016 wurden die Berufe des Graveurs und der Graveurin sowie des Metallbildners und der Metallbildnerin überarbeitet. Die Ausbildungsrahmenpläne dieser beiden Berufe enthalten nun Elemente zu 3D-Druck: Graveure und Graveurinnen sollen lernen, CAD-Daten für 3D-Ausdrucke zur Modell- und Formenerstellung aufzubereiten, Metallbildner und Metallbildnerinnen sollen Fertigkeiten erwerben, um künstlerische Entwürfe in 3D-Druckverfahren anfertigen zu können. In den Rahmenlehrplänen für beide Ausbildungsberufe – Graveure und Metallbildner – ist in einem der Lernfelder vorgesehen, dass die Schülerinnen und Schüler Muster, Modelle und Formen aus verschiedenen Werkstoffen mit rechnergesteuerten Maschinen, u.a. einem 3D-Drucker, anfertigen[2].

---

[2]Aus einem Entwurf der Kultusministerkonferenz, der endgültige Text war zur Drucklegung dieses Werkes noch nicht veröffentlicht.

Ausbildungsberufe müssen an neue Entwicklungen angepasst werden, neue Technologien verbreiten sich, es finden gesellschaftliche Veränderungen statt, welche andere Kompetenzen erfordern, und Gesetze ändern sich. Deshalb ist es notwendig, in regelmäßigen Abständen neue Ausbildungsordnungen zu schaffen und vorhandene Ausbildungsordnungen zu überarbeiten. Diese Modernisierung findet unter Federführung des Bundesinstituts für Berufsbildung statt [6]. Den Ablauf zeigt Abb. 7.1.

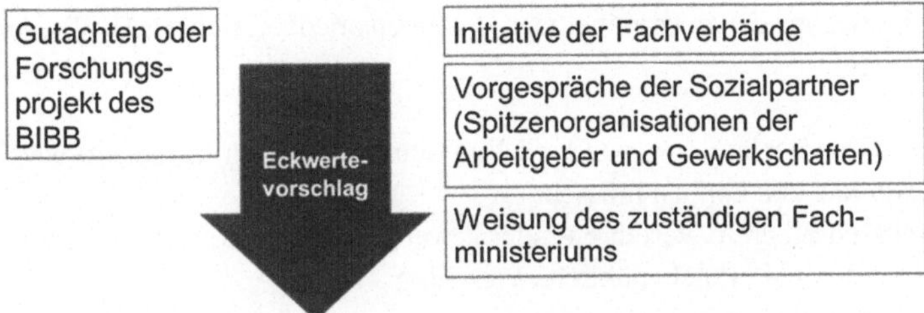

1. Festlegen der Eckwerte der Ausbildungsordnung
Das zuständige Bundesministerium entscheidet nach Anhörung der Beteiligten in Abstimmung mit den Ländern über die Eckwerte.

2. Erarbeitung und Abstimmung (Verfahrensdauer ≤ 1 Jahr)
Spitzenorganisationen der AG und Gewerkschaften benennen Sachverständige zur Erarbeitung der Neuordnung des Ausbildungsberufs (= Sachverständige des Bundes). Sachverständige der Länder entwickeln parallel dazu den Rahmenlehrplan für den Berufsschulunterricht.

Stellungnahme des Hauptausschusses des BIBB = Empfehlung an die Bundesregierung, die Ausbildungsordnung zu erlassen.

3. Erlass der Ausbildungsordnung
Der „Bund-Länder-Koordinierungsausschuss Ausbildungsordnungen/ Rahmenlehrpläne" (KoA) stimmt der Ausbildungsordnung und dem damit abgestimmten Rahmenlehrplan zu. Das zuständige Ministerium erlässt im Einvernehmen mit dem BMBF die Ausbildungsordnung.

Abb. 7.1 Ablauf bei der Modernisierung von Ausbildungsberufen, eigene Darstellung unter Verwendung von Informationen des BIBB (2015)

Das Bundesinstitut für Berufliche Bildung, das den Prozess der Überarbeitung der Ausbildungsordnungen koordiniert, hält sich jedoch zurück, was die Implementierung neuer Technologien in Ausbildungen anbelangt. Es ist das Ziel, keine Technologien festzuschreiben, die in den meisten Unternehmen in der Praxis nicht – oder noch nicht – vermittelt werden können. In Fachkreisen geht man davon aus, dass das BIBB keine Technologien – quasi durch Fixierung in einem Verordnungstext – festschreiben möchte, die sich möglicherweise nicht dauerhaft auf dem Markt etablieren könnten. Bei der Festlegung der zu vermittelnden Verfahren orientiert sich das BIBB an folgenden Kriterien[3]:

- In der Grundtechnologie werden Mindestanforderungen festgelegt, welche die Auszubildenden kennen müssen
- Es müssen mehrere Verfahren gelernt werden, Verbände und Gewerkschaften einigen sich auf branchenübliche Verfahren
- Lernziele sollen technikoffen sein
- Es werden keine DIN-Normen benannt
- Das BIBB muss den potentiellen Ausbildungsbetrieben (Betriebsgrößen, regionale Spezifitäten) gerecht werden

---

[3] Laut telefonischer Auskunft des BIBB vom 01.12.2014.

Fazit – Handlungsmöglichkeiten für Unternehmen im Rahmen des Systems der beruflichen Aus- und Weiterbildung 8

Es sollen hier exemplarisch drei Bereiche herausgegriffen werden, um Handlungsmöglichkeiten für Unternehmen darzustellen. Sie zeigen, wie Unternehmen auf das Berufsbildungssystem einwirken können, damit Additive Manufacturing in Zukunft stärker berücksichtigt werden kann.

• Beispiel Ausbildungen (bundesweit geregelt)

Ein Argument des BIBB für seine Zurückhaltung bei der Berücksichtigung von Inhalten der generativen Fertigung in Ausbildungsordnungen, ist die Absicht, keine Technologien festschreiben zu wollen, welche in vielen – vornehmlich kleinen – Betrieben nicht angewandt werden und deshalb von diesen in der Ausbildung nicht vermittelt werden können. Dieses Problem ließe sich jedoch dadurch beheben, dass sich Unternehmen gegenseitig unterstützen, indem sie sich zu Ausbildungsverbünden zusammenschließen oder gemeinsam – z. B. im Falle von Handwerksunternehmen im Rahmen ihrer Innungen – Anlagen für Additive Manufacturing in überbetrieblichen Ausbildungsstätten, Berufsschulen, Berufskollegs oder Fachschulen zur Verfügung stellen.

Das Zahntechnikerhandwerk geht zum Beispiel einen solchen Weg durch die „Überbetriebliche Lehrlingsunterweisung (ÜLU)“. Unter diesen Begriff fallen zum einen Unterweisungspläne, welche Inhalte zu modernen Technologien enthalten – die in der Ausbildungsordnung sowie im Rahmenlehrplan (beide von 1997!) noch nicht vorgesehen sind – und zum anderen konkrete überbetriebliche Ausbildungsangebote, in

© Springer Fachmedien Wiesbaden 2016
H. Marschall, *Personal für die additive Fertigung*, essentials,
DOI 10.1007/978-3-658-13307-8_8

denen die Inhalte aus diesen Unterweisungsplänen vermittelt werden. So hat der Verband Deutscher Zahntechniker-Innungen (VDZI) in Zusammenarbeit mit dem Heinz-Piest-Institut für Handwerkstechnik zum Beispiel die ÜLU ZAHN4/11 erarbeitet, welche nicht nur in die CAD/CAM-Technologien einführt, sondern neben einem Thema wie Intraoralscan[1] auch „additive Verfahren (Stereolithographie, 3D-Drucken, selektives Lasersintern, Elektrophorese, Spritzguss)" beinhaltet [18]. Damit kompensiert das Zahntechnikerhandwerk auch das Fehlen einer Modernisierung der Ausbildungsordnung und des Rahmenplans.[2] Andere Gewerke des Handwerks bestreiten offensichtlich ebenfalls diesen Weg. Eine alphabetische Liste aller Unterweisungspläne findet sich auf den Seiten des Heinz-Piest-Instituts [19]. Es stellt sich allerdings die Frage, wann jeweils die Zeit reif ist, die grundlegenderen Ausbildungsordnungen und Rahmenpläne zu überarbeiten.

In der langfristigen Perspektive haben Unternehmen die Möglichkeit, durch ihre Verbände Einfluss auf den Prozess der Erarbeitung und Modernisierung von Ausbildungsordnungen und Rahmenplänen zu nehmen. Wenn sich die Sozialpartner – Unternehmerverbände und Gewerkschaften – darüber einig sind, dass es wichtig ist, generative Fertigungsverfahren in der Ausbildung zu Berufen in der jeweiligen Branche zu berücksichtigen, können sie entsprechende Inhalte in den Gestaltungsprozess der Ausbildungsordnungen einbringen. Bei aller Konkurrenz zwischen den Unternehmen ist zu bedenken, dass eine Branche insgesamt profitiert, wenn in ihr ein entsprechend großes Reservoir an gut ausgebildeten Fachkräften mit Kenntnissen in generativer Fertigung vorhanden ist.

- Beispiel Fachschulen (landesrechtlich geregelte Berufsabschlüsse an Fachschulen)

Fachschulen sind Institutionen des Landes, welche für Beschäftigte mit bereits abgeschlossener beruflicher (Erst-) Ausbildung die Möglichkeit zu einer höheren Qualifizierung wie z. B. zum Techniker oder zum Meister zu eröffnen. Die Curricula werden durch das Schul-, Kultus- oder Bildungsministerium des jeweiligen Landes festgelegt. Dabei berücksichtigen die Ministerien die Vorschläge der landeseigenen Schulen, welche wiederum ihrerseits auf die von den Unternehmen angezeigten Bedarfe reagieren können. Das bedeutet, dass Ausbildungsunternehmen, die mit den beruflichen Schulen ihrer Region kooperieren, auch Einfluss

---

[1] Scan direkt im Patientenmund anstelle eines konventionellen Abdruckes der Zähne.

[2] Darüber hinaus haben Zahntechnikerinnen und Zahntechniker seit April 2015 die Möglichkeit, innerhalb eines Bachelor-Studiums – Dentalingenieur/in (Digitale Zahntechnik) im Rahmen des „Digitalen Workflows" Kenntnisse im Zusammenhang mit dem 3D-Drucker zu erwerben [42].

auf Unterrichtsinhalte nehmen können und anregen können, dass die Berufs- oder Fachschule AM behandelt und Inhalte zu AM auch bei der Gestaltung der Rahmenlehrpläne durch die für die beruflichen Schulen zuständigen Ministerien berücksichtigt werden.

- Beispiel örtliche Kammern

Soweit für einen Bereich der beruflichen Fortbildung keine Rechtsverordnungen nach § 53 des Berufsbildungsgesetzes (BBiG) erlassen sind, d. h., keine bundeseinheitlichen Fortbildungsabschlüsse bestehen, steht es den „zuständigen Stellen" – wie Handwerkskammern oder Industrie- und Handelskammern – zu, eigene Fortbildungsprüfungsregelungen zu erlassen: „Die zuständige Stelle regelt die Bezeichnung des Fortbildungsabschlusses, Ziel, Inhalt und Anforderungen der Prüfungen, die Zulassungsvoraussetzungen sowie das Prüfungsverfahren." Dadurch können die Kammern eigene Fortbildungsberufe kreieren und durch die Festlegung der Prüfungsanforderungen die Inhalte der Lehrgänge zur Prüfungsvorbereitung vorherbestimmen. Mit Hilfe dieses Mechanismus' haben auch Unternehmen die Chance, durch eigene Initiative bei ihren Kammern neue Fortbildungsberufe anzuregen oder darauf hinzuwirken, dass bei der Modernisierung bestehender Fortbildungsberufe entsprechende Inhalte berücksichtigt werden.

Perspektiven – neue Berufe und Industrie 4.0 {9}

Während die bereits erwähnten Ausbildungsberufe des Graveurs/der Graveurin und des Metallbildners/der Metallbildnerin inzwischen modernisiert wurden, steht dieser Prozess anderen Berufen langer Laufzeit noch bevor. Auch in Zukunft wird generative Fertigung nicht in allen Berufen eine Rolle spielen. Manche Berufe sind jedoch prädestiniert für die Implementierung von Additive Manufacturing, dazu zählen auch einige Berufe aus dem Bereich Metall. Sollte in den nächsten Jahren die Entscheidung fallen, dass die „Metallberufe" zur Modernisierung anstehen, so wären davon gleich vier Berufe betroffen, da die Metallberufe Werkzeugmechaniker, Industriemechaniker, Anlagenmechaniker und Zerspanungsmechaniker „im Paket" bearbeitet werden sollen. In allen vier Berufen könnte generative Fertigung in Zukunft eine Rolle spielen. Selbst der Zerspanungsmechaniker/die Zerspanungsmechanikerin sollte Kenntnis von der Möglichkeit haben, mit Hybridmaschinen gleichzeitig spanabhebend und laserauftragschweißend zu arbeiten. Deshalb wäre es angebracht, solche Möglichkeiten in deren Berufsausbildung zu berücksichtigen.

Im Vergleich zu diesen realistischen und voraussehbaren Entwicklungen in der beruflichen Bildung ist die Idee von Ralf Schumacher vom Institut für Medizinal- und Analysetechnologien IMA der Hochschule für Life Sciences – Fachhochschule Nordwestschweiz FHNW in Muttenz noch Vision [32]: Da mitunter sogar während Operationen Implantate noch angepasst werden müssen und diese zum Teil heute schon mit 3D-Druckern hergestellt werden, philosophiert Schumacher über den Beruf eines „Medizinproduktemonteurs", der mit guten Kenntnissen über die Verwendung von Bohrschablonen und das Einsetzen von Implantaten – aber

© Springer Fachmedien Wiesbaden 2016
H. Marschall, *Personal für die additive Fertigung*, essentials,
DOI 10.1007/978-3-658-13307-8_9

geringerem medizinischen Wissen als ein Arzt – diesen bei seiner Arbeit unterstützt. Die Verantwortung läge weiterhin beim Arzt, während die handwerklichen Verrichtungen Aufgabe des Spezialisten, des Medizinproduktemonteurs wären (ebenda).

Gibt es – abgesehen von dieser Vision – einen Anlass, über die Notwendigkeit von gänzlich neuen Berufen ausschließlich für Additive Manufacturing nachzudenken? Die Vielzahl an Technologien, welche alle nach einem Schichtbauverfahren funktionieren, aber völlig unterschiedliche Materialien – Metall, Kunststoff, Keramik, Biomaterialien – mit unterschiedlichen Eigenschaften verarbeiten, erfordert eine Spezialisierung. Ein Beruf, ausschließlich für die generative Fertigung – welcher alle Verfahren abdeckt – müsste völlig unterschiedliche Materialien und Einsatzzwecke der erzeugten Produkte berücksichtigen. Da erscheint die bisherige Praxis – Kenntnisse über generative Verfahren in bestehende Berufe zu integrieren – sinnvoller, auch deshalb, weil bestehende Berufe durch die neuen Verfahren angereichert werden und Beschäftigte so sukzessiv – auch über die Auszubildenden – an generative Fertigungsverfahren herangeführt werden können. Ansonsten würden neu geschaffene Berufe die alten Berufe entwerten.

Interessant ist in diesem Zusammenhang ein Vergleich mit dem Thema „Industrie 4.0", welches durch die Digitalisierung eine enge Verwandtschaft mit generativer Fertigung aufweist. Auch hier kann man konstatieren, dass keine neuen Berufe erforderlich sind. So hat der Vorsitzende des Ausschusses Berufsbildung des ZVEI (Zentralverband Elektrotechnik- und Elektronikindustrie e. V.), Hermann Trompeter, in einem Interview festgestellt, dass „Für Industrie 4.0 … die passenden Ausbildungsberufe vorhanden" sind:

> Für die Digitalisierung … müssen vorerst keine neuen Berufsbilder entwickelt werden. Erforderlich ist vielmehr eine systematische Integration relevanter Inhalte in die Ausbildungsberufe im Metall-, Elektro- und IT-Bereich. … Für die Anpassung der Qualifikationen ist die Weiterbildung in den Industrie-4.0-Prozessen der Königsweg. [36]

Diese Aussage lässt sich weitgehend auf das „Querschnittsthema" generative Fertigung übertragen, gerade in Anbetracht der Anwendung generativer Verfahren in ganz unterschiedlichen Branchen: Die Integration von AM in bestehende, aber in der Modernisierung befindliche Ausbildungen und ein gutes Angebot an beruflichen Fortbildungs- und Anpassungsmaßnahmen sollte auch für Additive Manufacturing ein probates Mittel zur Lösung des Fachkräftebedarfs sein.

Anhang

© Springer Fachmedien Wiesbaden 2016
H. Marschall, *Personal für die additive Fertigung*, essentials,
DOI 10.1007/978-3-658-13307-8

Grundprinzip	Verfahren	Material und Aggregatzustand	Kurzbeschreibung	Anwendungen
Polyme-risation	Stereolithographie	Flüssige Acrylate, Epoxidharze	Fotopolymer wird durch gezielte Bestrahlung (UV, Laser) lokal ausgehärtet	Modelle, Prototypen, In-Ohr-Hörgeräteschalen
	DLP	Flüssige Acrylate, Epoxidharze	Belichten eines Fotopolymers mit einem DLP (Digital Light Processing)-Projektor	Siehe Stereolithographie
	Druckverfahren wie Polymer-Jetting, MJM	Flüssiges Fotopolymer, Wachs	Flüssiger, lichtempfindlicher Kunststoff wird mit einem Druckkopf aufgetragen und unmittelbar mit Licht ausgehärtet	Modelle, Prototypen, Gussformen
Schmelz-verfahren	Selektives Lasersintern von Kunststoffpulver (Pulverbett)	Thermoplaste	Pulverpartikel werden durch Laser lokal aufgeschmolzen und backen beim Erkalten zusammen	(Funktions-) Prototypen, Kleinserien, Entwicklung in Richtung Serienproduktion
	Lasersintern von Metallen und Keramik	Metall- und Keramikpulver-partikel mit (oder ohne) Kunststoffhüllen, niedrig schmelzendes Metall zum Auffüllen der Hohlräume der porösen Struktur	Beim indirekten Verfahren werden im ersten Prozessschritt die Kunststoffhüllen aufgeschmolzen und verbinden die Hauptbestandteile „provisorisch". Im zweiten Schritt wird in einem Ofenprozess der Kunststoff ausgetrieben und die Hohlräume werden mit einem niedrigschmelzendem Metall (i.d.R. Kupfer) aufgefüllt. Beim direkten Sintern werden hochschmelzende Pulverpartikel durch ein niedrigschmelzendes Metall fest verbunden.	Metall-Prototypen, Kleinserien, Entwicklung in Richtung Serienproduktion, schnelle Werkzeugherstellung für Kunststoffspritzguss und Druckguss, kundenindividuelle Produkte für Endanwender
	Laserschmelzen (Pulverbett)	Metallpulver wie Edelstahl, Werkzeugstahl, Vergütungsstahl, Titan- und Aluminium-legierungen ohne jegliche Zusätze	Die Metallpulver werden mit einem Laser vollständig aufgeschmolzen. Dabei verbindet sich die neu geschmolzene Pulverschicht mit der darunter liegenden, teilweise angeschmolzenen vorher aufgetragenen Schicht.	Siehe Lasersintern
	Pulverdüse	Metall- oder Keramikpulver	Pulver wird über Düsen direkt in ein vom Laserstrahl erzeugtes lokales Schmelzbad eingebracht	siehe Laserauftrag(s)-schweißen
	Laserauftrag(s)-schweißen	Metall als Draht oder Pulver	Draht oder ein pulverförmiger Werkstoff wird mit einem Laser schichtweise auf ein bestehendes Werkstück aufgeschweißt	Reparaturen, Beschichtungen, Einzelteile, Kleinserien
Spritzver-fahren	Metallpulverauftrag (MPA), Hermle	Metallpulver wie Stähle, Schwermetalle, Leichmetalle	Pulver und Substratoberfläche werden beim Aufprall stark plastisch verformt, durch die Verformung erwärmen sich die Anbindungsflächen zwischen den Partikeln	Werkzeugeinsätze mit zwei Materialien im Hybridverfahren mit Zerspanungstechnik
3D-Printing	Pulver-Binder Verfahren	Stärke-Wasser (als Binder), Gips, Keramik- oder Kunststoffpulver	Verfestigung von Partikeln durch Binderfluid	Modelle, Prototypen, Gussformen, Show-and-Tell Modelle

Grundprinzip	Verfahren	Material und Aggregatzustand	Kurzbeschreibung	Anwendungen
Extrusion	Erwärmen und Auftragen durch Düse	Thermoplaste (Kunststoff), Wachs, Schokolade, Filament aus recyceltem Holz und Polymer (als Bindemittel)	Festes Material in Drahtform oder in Pellets wird erhitzt und im formbaren Zustand aufgespendet, härtet durch Abkühlen aus	Modelle, Prototypen, Konsumartikel
	Auftragen durch eine Düse	Beton (faser-verstärkt), zähflüssig	Auspressen im formbaren Zustand, anschließende Erstarrung	Betonfertigteile
Schicht-Laminat-Verfahren	Laminated Object Manufacturing (LOM) von Cubic Technologies, Paper 3D Printing von MCor	Papier, Folie (Metall, Kunststoff)	Beispiel Paper 3D Printing: Auf ein Papierblatt werden Konturen in der angestrebten Oberflächenfarbe des Objekts gedruckt, ein Karbonmesser (es kann auch ein Laser oder Fräser sein) schneidet entlang der Mitte der farbigen Streifen die Konturen aus, das nächste Blatt wird bedruckt, aufgeklebt und wieder entlang der Konturen ausgeschnitten	Modelle, Gussformen
Physikalisch-/chemische Sonderverfahren	Elektrophoretische Abscheidung	Kolloide, d.h. in einem Dispersionsmedium fein verteilte Teilchen/Tröpfchen im Nano- oder Mikrometerbereich. Nanopartikel aus jeder Suspension, die sich für die elektrophoretische Abscheidung eignet.	Fotoleitendende Elektroden und elektrische Felder werden genutzt, um gezielt Oberflächenbereiche anzuvisieren und darauf Material abzulagern. Der Materialaufbau findet in den Zielgebieten statt, wo das Licht mit der Oberfläche des Fotoleiters in Kontakt kommt. Es können mehrere Schichten erstellt werden	Forschungsstadium, Anwendungsbereiche könnten Bioprinting und Nanoprinting sein
	3D-Siebdruck, wasser- oder lösemittelbasierte Systeme mit optionaler Infrarot- oder UV-Härtung	Auf Metallpulvern basierende Paste aus Metallen und Legierungen auf Basis von Stahl, Kupfer, Aluminium, Titan, Refraktärmetallen oder seltenen Erden, Keramik und Glas	Durch ein Sieb wird die Paste Schicht für Schicht auf ein Trägermaterial gedruckt und durch Wärmezufuhr zu Bauteilen verfestigt	Geschlossene Kanäle, Strukturen ab 60 µm und freie Werkstoffkombinationen
Bioprinting	Verschiedene Verfahren	z.B. polymeres Gel auf Alginat-Basis mit lebenden Zellen; Hydrogel aus Biokunststoff, menschlichen Hautzellen und Fibroblasten	verfahrensabhängig	Lebergewebe zum Test von Medikamenten, Hautersatz, Knorpelersatz, arterielle Strukturen: noch im Forschungsstadium
Verschiedene Hybridverfahren	Kombination aus additiven und konventionellen Fertigungsverfahren	Verfahrensabhängig	z.B. Laserauftrag(s)schweißen oder MPA (Hermle) und Fräsen, …	Einzelfertigung von Maschinenteilen

Literatur

[1]. Altair Engineering GmbH. (2015). Altair und das Laser Zentrum Nord beschließen Trainingskooperation zum Thema: Bionisches Design für den industriellen 3D Druck. News. 20. November 2015. http://www.altairhyperworks.de/%28S%28stpmxpyc5c-1mqmuds1ffxz45%29%29/newsdetail.aspx?news_id=11205&news_country=de-DE. Zugegriffen am 18.12.2015.

[2]. Ambos, I., Koscheck, S., & Martin, A. (2014). Personalgewinnung von Weiterbildungsanbietern. Ergebnisse der wbmonitor Umfrage 2014. Bundesinstitut für Berufsbildung. (Hrsg.). Bonn (S. 6–7, PDF-Seitenzählung S. 7–8). https://www.bibb.de/dokumente/pdf/a22_wbmonitor_ergebnisbericht_umfrage_2014.pdf. Zugegriffen am 14.12.2015.

[3]. Bläsche, A., & Lappe, L. (2001). Qualifikationsbedarf und Qualifikationsentwicklung in der „New Economy", Bundesinstitut für Berufsbildung. (Hrsg.). LIMPACT – Leitprojekte In-formationen Compact. Heft 4, August 2001, (S. 27, PDF-Seitenzählung S. 29). https://www.bibb.de/dokumente/pdf/a12ptiaw_limpact04_2001.pdf. Zugegriffen am 17.12.2015.

[4]. Bundesgesetzblatt. (2009). Verordnung über die Berufsausbildung zum Technischen Modellbauer/zur Technischen Modellbauerin vom 27. Mai 2009, Bundesgesetzblatt Jahrgang 2009 Teil I Nr. 29, ausgegeben zu Bonn am 4. Juni 2009 (S. 1196). http://www.berufsinfo.org/Berufe/modellbauer.html/ao.pdf. Zugegriffen am 14.12.2015.

[5]. Bundesgesetzblatt. (2015). Verordnung über die Berufsausbildung zum Gießereimechaniker und zur Änderung der Verordnung über die Berufsausbildung zum Gießereimechaniker/zur Gießereimechanikerin und zum Verfahrensmechaniker/zur Verfahrensmechanikerin in der Hütten- und Halbzeugindustrie, Bundesgesetzblatt Jahrgang 2015 Teil I Nr. 28, ausgegeben zu Bonn am 9. Juli 2015. (S. 1139). http://www.bibb.de/tools/berufesuche/index.php/regulation/giessereivo2015.pdf. Zugegriffen am 14.12.2015.

[6]. Bundesinstitut für Berufsbildung, Hrsg. (2015). Ausbildungsordnungen und wie sie entstehen. 7. überarbeitete Aufl. Juli 2015. Bonn. https://www.bibb.de/veroeffentlichungen/de/publication/download/id/2061/ausbildungsordnungen-und-wie-sie-entstehen.pdf. Zugegriffen am 21.12.2015.

© Springer Fachmedien Wiesbaden 2016
H. Marschall, *Personal für die additive Fertigung*, essentials,
DOI 10.1007/978-3-658-13307-8

[7]. Drei DION (3DION o.J.). 3DION – Die 3D-Druck-Initiative des RGF (Ring Grafischer Fachhändler). http://www.3dion.org. Zugegriffen am 18.12.2015.

[8]. ECONOMIC ENGINEERING. (2015). Additive Fertigung: Engineering und Fertigung wachsen zusammen. http://www.economic-engineering.de/. Zugegriffen am 21.12.2015.

[9]. FORM+Werkzeug. (2015). Rapid.Tech 2016. Fachmesse und Anwendertagung für Rapid-Technologie. Rapid Tech festigt Ruf als europäische Spitzenveranstaltung. https://www.form-werkzeug.de/termine/messen/rapid-tech-messe. Zugegriffen am 13.12.2015.

[10]. Fraunhofer IFAM (Fraunhofer-Institut für Fertigungstechnik und Angewandte Materialforschung). (2014). 3D Drucken: Fraunhofer IFAM bietet individuelle Schulungen für die Industrie. Pressemitteilung 24.2.2014. http://www.ifam.fraunhofer.de/de/Presse/Schulung_Generative_Fertigung.html. Zugegriffen am 18.12.2015.

[11]. Gartner, Inc. (2014). Gartner says consumer 3D printing is more than five years away. http://www.gartner.com/newsroom/id/2825417. Zugegriffen am 13.12.2015.

[12]. Gebhardt, A. (Hrsg.). (2015). *3D-Drucken in Deutschland – Entwicklungsstand, Potenziale, Herausforderungen, Auswirkungen und Perspektiven.* Aachen: Shaker.

[13]. Gebhardt, R. (2015). „Anfang einer Revolution" Potential von Additive Manufacturing wird noch immer deutlich unterschätzt. 02.12.2015. http://am.vdma.org/article/-/articleview/10997772. Zugegriffen am 21.12.2015.

[14]. Gotsch, D. (2014). Lichtgesteuerte elektrophoretische Abscheidung: Eine neue 3D-Druck-Technologie. 3Druck.com. 15. April 2014. http://3druck.com/forschung/lichtgesteuerte-elektrophoretische-abscheidung-eine-neue-3d-druck-technologie-3217204. Zugegriffen am 13.12.2015. Siehe auch Link zur Originalquelle: http://onlinelibrary.wiley.com/doi/10.1002/adma.201304953/abstract. Zugegriffen am 13.12.2015.

[15]. Grajewski, J. (2014). Mit 3D-Druck in die Zukunft: Johannes-Gutenberg-Schule Stuttgart veranstaltet Infotag, in: print.de. http://www.print.de/News/Weitere-News/Mit-3D-Druck-in-die-Zukunft-Johannes-Gutenberg-Schule-Stuttgart-veranstaltet-Infotag_7742?utm_source=print_daily_nl&utm_medium=email&utm_campaign=21112014. Zugegriffen am 14.12.2015.

[16]. Hackel, M. et al. (2012). Diffusion neuer Technologien. Veränderungen von Arbeitsaufgaben und Qualifikationsanforderungen im produzierenden Gewerbe (DifTech). Zwischenbericht. BIBB. Bonn (S. 14) https://www2.bibb.de/bibbtools/tools/dapro/data/documents/pdf/zw_41301.pdf. Zugegriffen am 15.12.2015.

[17]. Hackel, M. et al. (2015). Diffusion neuer Technologien. Veränderungen von Arbeitsaufgaben und Qualifikationsanforderungen im produzierenden Gewerbe (DifTech). Abschlussbericht. BIBB. Bonn (S. 99). https://www2.bibb.de/bibbtools/tools/dapro/data/documents/pdf/eb_41301.pdf. Zugegriffen am 15.12.2015.

[18]. Heinz-Piest-Institut (Heinz-Piest-Institut für Handwerkstechnik an der Leibniz Universität Hannover). (2011). ZAHN4/11. Unterweisungsplan für einen Lehrgang der überbetrieblichen beruflichen Bildung zur Anpassung an die technische Entwicklung im Zahntechnikerhandwerk. http://www.hpi-hannover.de/bildung_uelu/pdf/ZAHN4-11.pdf. Zugegriffen am 18.12.2015.

[19]. Heinz-Piest-Institut. (2015). Alphabetische Liste aller Unterweisungspläne. Neue Berufenummern ab 1.1.2008. http://www.hpi-hannover.de/bildung_uelu/Rlp_Liste.htm. Zugegriffen am 18.12.2015.

[20]. Holwegler, B. (2000). Implikationen der Technologiediffusion für technologische Arbeitslosigkeit. Schriftenreihe des Promotionsschwerpunkts Makroökonomische Diagnosen und Therapien der Arbeitslosigkeit 13/2000 (S. 3). https://www.uni-hohenheim.de/wi-theorie/globalisierung/dokumente/13_2000.pdf. Zugegriffen am 13.12.2015.

[21]. IHK Akademie Schwaben. (2015a). Seminar „Additive Fertigungsverfahren – 3D-Druck – Rapid Prototyping". https://weiterbildung.ihk-akademie-schwaben.de/details.jsp?id=208286. Zugegriffen am 18.12.2015.

[22]. IHK Akademie Schwaben. (2015b). Fortbildung „Geprüfte/r Industrietechniker/-in IHK Fachrichtung Maschinenbau". https://weiterbildung.ihk-akademie-schwaben.de/details.jsp?id=211227. Zugegriffen am 18.12.2015.

[23]. Johannes-Gutenberg-Schule Stuttgart. (2014). Tradition trifft Moderne: 3D-Drucker neben historischer Schnellpresse. https://www.jgs-stuttgart.de/index.php/pressemitteilungen/2518-jgs-3d-drucker-und-historische-schnellpresse-11-2014. Zugegriffen am 14.12.2015.

[24]. Johannes-Gutenberg-Schule (o. J.). Bildungsangebot Technisches Gymnasium Gestaltungs- und Medientechnik. https://www.jgs-stuttgart.de/index.php/bildungsangebot-sp-57095163/2302-technisches-gymnasium-gestaltungs-und-medientechnik. Zugegriffen am 18.12.2015.

[25]. KMK. (2008). Rahmenlehrplan für den Ausbildungsberuf Produktionstechnologe/Produktionstechnologin (Beschluss der Kultusministerkonferenz vom 15.02.2008). http://www.kmk.org/fileadmin/pdf/Bildung/BeruflicheBildung/rlp/Produktionstechnologe.pdf. Zugegriffen am 14.12.2015.

[26]. KMK. (2009). Rahmenlehrplan für den Ausbildungsberuf Technischer Modellbauer/Technische Modellbauerin (Beschluss der Kultusministerkonferenz vom 23.04.2009). http://www.kmk.org/fileadmin/pdf/Bildung/BeruflicheBildung/rlp/TechnischerModellbauer09-04-23-E_01.pdf. Zugegriffen am 14.12.2015.

[27]. KMK. (2011). Rahmenlehrplan für den Ausbildungsberuf Technischer Produktdesigner/Technische Produktdesignerin (Beschluss der Kultusministerkonferenz vom 27.05.2011). http://www.kmk.org/fileadmin/pdf/Bildung/BeruflicheBildung/rlp/TechnischerProduktdesigner11-05-27-E.pdf. Zugegriffen am 14.12.2015.

[28]. Kroh, R. (2015). Verfahrenskombination – Hybridmaschinen vereinen das Beste aus zwei Welten. Maschinenmarkt (Vogel Business Media). 05. März 2015. http://www.maschinenmarkt.vogel.de/hybridmaschinen-vereinen-das-beste-aus-zwei-welten-a-479561/. Zugegriffen am 15.12.2015.

[29]. Kubas, J. (2014). *Generative Fertigungsverfahren (Rapid Prototyping) – Werkzeuge für die schnelle Produktentstehung.* VS-Schwenningen: Internes Skript der Feintechnikschule im Fach Fertigungstechnik für die Fortbildung zum Staatlich geprüften Techniker der Fachrichtung Feinwerktechnik/Mechatronik mit dem Berufsprofil der Fertigungstechnik.

[30]. LZN Laser Zentrum Nord GmbH. (2014). Aus- & Weiterbildung „RM-Fachkraft". http://www.lzn-hamburg.de/aus-weiterbildung/rm-fachkraft.html. Zugegriffen am 18.12.2015.

[31]. Ministeriums für Kultus, Jugend und Sport Baden-Württemberg. (2014). Bildungsplan für die Fachschule. Fachschule für Technik. Fachrichtung Feinwerktechnik. Schuljahr 1 und 2. (S. 67). http://www.ls-bw.de/bildungsplaene/berufschulen/fs/I_Technik/FS-FT_FR-Feinwerktechnik_13_3866.pdf.Zugegriffen. Zugegriffen am 17.12.2015.

[32]. Oppermann, B. (2015). Neue Perspektiven für die Medizin. Generative Fertigung: Dreidimensionale Strukturen – sogar aus Biomaterialien. medizin&technik 13.02.2014. http://www.medizin-und-technik.de/schnell-ans-ziel/-/article/33568401/39037251/Neue-Perspektiven-für-die-Medizin/art_co_INSTANCE_0000/maximized/. Zugegriffen am 14.12.2015.

[33]. Pahl, J.-P. (2010). Fachschule. Praxis und Theorie einer beruflichen Weiterbildungseinrichtung. Bielefeld (S. 29). Zitiert KMK 09.10.2009 (S. 2). Siehe auch aktuelle Version von 2014: Ständige Konferenz der Kultusminister der Länder in der Bundesrepublik Deutschland, Rahmenvereinbarung über Fachschulen, Beschluss der Kultusministerkonferenz vom 07.11.2002 i.d.F. vom 25.09.2014 (S. 2).

[34]. Radig, G. (2014). Berufsbild „Verfahrens-Mechaniker additive Fertigung", in: 3Druck. com 1. Dezember 2014. http://3druck.com/gastbeitraege/berufsbild-verfahrensmecha-niker-additive-fertigung-5927075/. Zugegriffen am 13.12.2015.

[35]. Reinhardt, M. (2015). Elektromotoren aus dem 3D-Siebdrucker. Forschungsprojekt der TU Chemnitz. print.de. 10. April 2015. http://www.print.de/3D-Druck/ Elektromotoren-aus-dem-3D-Siebdrucker_5709?utm_source=print_daily_nl&utm_ medium=email&utm_campaign=1042015. Zugegriffen am 13.12.2015.

[36]. Schreier, J. (2015): Industrie 4.0 braucht keine neuen Ausbildungsberufe. www.ma-schinenmarkt.vogel.de. 31.03.2015. http://www.maschinenmarkt.vogel.de/themenka-naele/managementundit/personalwesen/articles/484551/. Zugegriffen am 14.12.2015.

[37]. Sonnenberg, V. (2015). Paralleles Sägen, Bohren oder Fräsen steigert Produktion bis 80%. Maschinenmarkt (Vogel Business Media). 12. August 2015. http://www.maschi-nenmarkt.vogel.de/themenkanaele/produktion/spanendefertigung/maschinen/ articles/500715/. Zugegriffen am 14.12.2015.

[38]. VDI Wissensforum GmbH. (2015). Seminar „Grundlagen der additiven Fertigung -(3D-Druck). https://www.vdi-wissensforum.de/fileadmin/redaktion/dokumente/pro-gramme/seminar/02SE016004.pdf. Zugegriffen am 18.12.2015.

[39]. Verbund Ingenieur Qualifizierung gGmbH (o.J.). Seminar „Konstruktion für den 3D-Druck". http://www.verbund-iq.de/seminare/ueberbetriebliche-seminare/konst-ruktion-fuer-den-3d-druck/. Zugegriffen am 18.12.2015.

[40]. WBA Aachener Werkzeugbau Akademie. (2015). Seminar „Klassische und genera-tive Fertigungstechnologien im Werkzeugbau". Seminarprogramm 2016. (S. 30–31). http://www.werkzeugbau-akademie.de/cache/dl-WBA-Seminarprogramm-2016-617f3de-e71bac7bddc0c0f5c8b5e39b9.pdf

[41]. Wheeler, A. (2015). The 2015 Wohlers report is out. ENGINEERING.COM. 7. April 2015, http://www.engineering.com/3DPrinting/3DPrintingArticles/ArticleID/9908/ The-2015-Wohlers-Report-Is-Out.aspx. Zugegriffen am 13.12.2015.

[42]. ZM-Online. (2014). Bachelor für Zahntechniker (Nachrichten/Zahnmedizin). 20 November 2014. http://www.zm-online.de/home/zahnmedizin/Bachelor-fuer-Zahntechniker_260131. html. Zugegriffen am 11.01.2016.